U0338390

沙漠奇遇记

猫头鹰开宴会

杨红樱 著

时代出版传媒股份有限公司
安徽少年儿童出版社

图书在版编目(CIP)数据

沙漠奇遇记·猫头鹰开宴会 / 杨红樱著. 一合肥:安徽少年儿童出版社,2020.6(2022.6 重印)
ISBN 978-7-5707-0704-1

Ⅰ.①沙… Ⅱ.①杨… Ⅲ.①沙漠—儿童读物 Ⅳ.①P941.73-49

中国版本图书馆 CIP 数据核字(2020)第 019223 号

SHAMO QIYUJI
沙漠奇遇记
MAOTOUYING KAI YANHUI
猫头鹰开宴会

杨红樱 著

出 版 人:张 堃　　　　　责任编辑:刘 畅　　　　　美术编辑:欧阳春
责任校对:张姗姗　　　　　责任印制:梁庆华　　　　　内文排版:添美图书
插　　图:一超惊人工作室
出版发行:安徽少年儿童出版社 E-mail:ahse1984@163.com
　　　　　新浪官方微博:http://weibo.com/ahsecbs
　　　　　(安徽省合肥市翡翠路 1118 号出版传媒广场　邮政编码:230071)
　　　　　出版部电话:(0551)63533536(办公室)63533533(传真)
　　　　　(如发现印装质量问题,影响阅读,请与本社出版部联系调换)
印　　制:湖北金港彩印有限公司
开　　本:720mm× 920mm　　　　　1/16　　　　　印张:8
版　　次:2020 年 6 月第 1 版　　　　　2022 年 6 月第 7 次印刷
ISBN 978-7-5707-0704-1　　　　　　　　　　定价:20.00 元

目录
MULU

沙漠里的动物和植物的关系，是互惠互利、共同求生存的关系。沙枣树是防风固沙的优良树种，沙蜥是捕食危害沙枣树昆虫的爬行类动物，而捕食沙蜥的灰伯劳却破坏了这种良好的共存环境，造成了沙漠生态失衡的恶果。

失去的乐园

这里曾经是一片茂盛的沙枣林，横在沙漠和绿洲之间。每一棵沙枣树都是绿洲忠诚的卫士，用自己的身体为绿洲阻挡风沙。

这里也曾经是灰斑鸠和麻蜥的乐园。他们世世代代在这里幸福地生活。

五月，正是沙枣花开的时候，灰斑鸠

hé má xī dōu máng lù qǐ lái huī
和麻蜥都忙碌起来。灰

bān jiū fū fù máng zhe zài shù shang zhù
斑鸠夫妇忙着在树上筑

cháo yīn wèi huī bān jiū mā ma yào
巢，因为灰斑鸠妈妈要

zài lǐ miàn fū dàn le má xī máng
在里面孵蛋了；麻蜥忙

zhe zhuōchóng zi chī yīn wèi zhè shí
着捉虫子吃，因为这时

hou shù shang de chóng zi tè bié duō
候树上的虫子特别多。

bàn gè yuè guò hòu xiǎo huī
半个月过后，小灰

bān jiū chū shì le zhěng gè shā zǎo
斑鸠出世了，整个沙枣

林变得热闹起来。灰斑鸠妈妈和灰斑鸠爸爸早出晚归,到附近的草地里和农田里为他们的孩子寻找食物。

一只出世不久的小麻蜥见灰斑鸠爸爸和灰斑鸠妈妈这般辛苦,感到很不理解:"这树上有那么多虫子,干吗还跑那么远去找吃的?"

两只灰斑鸠张开嘴巴大笑起来。

小麻蜥不知所措:"你们笑什么?"

"小麻蜥,你知道民间有一句老话吗?"灰斑鸠爸爸笑着说,"'燕子不吃落地的,斑鸠不吃喘气的。'"

"这句话是什么意思?"小麻蜥抬抬

tā nà jiān jiān de tóu
他那尖尖的头。

zhè jù huà de yì si ma
"这句话的意思嘛，

jiǎn dān diǎn shuō   jiù shì wǒ men bān
简单点说，就是我们斑

jiū bù chī chóng zi
鸠不吃虫子。"

nà nǐ men chī shén me ne
"那你们吃什么呢？"

xiǎo má xī bǎ tái qǐ de tóu piān xiàng
小麻蜥把抬起的头偏向

yī biān   tā duì zhè ge wèn tí hěn
一边，他对这个问题很

gǎn xìng qù
感兴趣。

wǒ men chī cǎo zǐ hé luò zài dì
"我们吃草籽和落在地

shang de liáng shi
上的粮食。"

liǎng zhī huī bān jiū gào bié le xiǎo
两只灰斑鸠告别了小

má xī xiàng fù jìn de nóng tián fēi qù
麻蜥，向附近的农田飞去。

fēi dào bàn lù tā men kàn jiàn yǒu
飞到半路，他们看见有

jǐ zhī dà niǎo zhèng xiàng shā zǎo lín fēi lái
几只大鸟正向沙枣林飞来。

tā men shì shéi　　huī
"他们是谁？"灰

bān jiū mā ma jǐng jué de wèn dào
斑鸠妈妈警觉地问道，

tā shí shí guà niàn zhe tā nà jǐ
她时时挂念着她那几

zhī zài cháo li　de xiǎo bān jiū
只在巢里的小斑鸠。

zhǐ jiàn zhè jǐ zhī niǎo shēn
只见这几只鸟身

cháng yī chǐ zuǒ yòu　　shēn tǐ de
长一尺左右，身体的

yán sè hēi bái xiāng jiàn　　hēi sè
颜色黑白相间，黑色

的翅膀和尾巴上面点缀着白斑。他们弯曲的嘴和尖利的爪子引起灰斑鸠妈妈的阵阵恐惧。

"他们会不会是老鹰？"

"不像。"灰斑鸠爸爸说，"老鹰一般都飞得很高，翅膀特别大，而这些……"

正说着，他们听到一阵悦耳的叫声，这绝不是老鹰的叫声。

"我知道了，"灰斑鸠爸爸想起来了，"这些鸟肯定是灰伯劳。"

灰斑鸠妈妈还是不放心："他们飞到这里干什么？"

两只灰斑鸠悄悄地跟在几只灰伯劳

的后面，看他们飞到这里来到底想干什么。

灰伯劳飞进沙枣林后，立即分散开来，停留在低矮的树枝上，观察着四周的地面。

突然，一只灰伯劳扇动着翅膀，

cóng shù shang fǔ chōng xià qù yòng tiě gōu bān de zuǐ diāo zhù le yī
从树上俯冲下去，用铁钩般的嘴叼住了一
zhī xiǎo xī yì
只小蜥蜴。

tiān na huī bān jiū mā ma jīng jiào dào zhè bù
“天哪！”灰斑鸠妈妈惊叫道，“这不
shì nà zhī gāng cái hái hé wǒ men jiǎng huà de xiǎo má xī ma
是那只刚才还和我们讲话的小麻蜥吗？”

huī bó láo bǎ xiǎo má xī diāo dào shù zhī shang zhèng zhǔn bèi
灰伯劳把小麻蜥叼到树枝上，正准备
měi měi de chī yī dùn huī bān jiū mā ma hé huī bān jiū bà ba
美美地吃一顿，灰斑鸠妈妈和灰斑鸠爸爸
fēi dào le tā de miàn qián
飞到了他的面前。

huī bó láo dà gē
“灰伯劳大哥！”

ò shì huī bān jiū xiōng di ya
“哦，是灰斑鸠兄弟呀！”

méi xiǎng dào huī bó láo kāi kǒu shuō huà shí xiǎo má xī diào
没想到灰伯劳开口说话时，小麻蜥掉
zài dì shang chèn jī táo zǒu le
在地上，趁机逃走了。

huī bó láo nǎ lǐ kěn fàng zǒu xiǎo má xī tā cóng shù shang
灰伯劳哪里肯放走小麻蜥，他从树上
fǔ chōng xià qù zài dì shang xún zhǎo qǐ lái
俯冲下去，在地上寻找起来。

"灰伯劳大哥，
请你们不要吃蜥蜴。"
灰斑鸠爸爸和灰斑
鸠妈妈苦苦地请求道。

"为什么不吃？"
没找到小麻蜥，灰伯
劳很生气，"我们灰
伯劳就喜欢吃蜥蜴，
我们要把这片林子
里的沙蜥和麻蜥都
吃光！"

"啊！"灰斑鸠
夫妇感到十分恐惧，

"如果你们把这里的蜥蜴吃光的话，这片沙枣林就毁了。"

"你们在吓唬我吧？"灰伯劳不相信，"这片沙枣林长得很茂盛，蜥蜴也很多，我

们还准备在这里安家落户呢！"

灰斑鸠夫妇还想说服灰伯劳，可灰伯劳懒得理他们，他要忙着捉蜥蜴吃呢！

huī bó láo tài xǐ huan zhè piàn shā zǎo lín le　　　 tā men guǒ
灰伯劳太喜欢这片沙枣林了，他们果

rán zài zhè lǐ ān le jiā　　　 tā men fēng kuáng de bǔ zhuō lín zi
然在这里安了家。他们疯狂地捕捉林子

lǐ de shā xī hé má xī　 yǒu shí chī bu liǎo　 hái bǎ xī yì
里的沙蜥和麻蜥，有时吃不了，还把蜥蜴

chuān guà zài shù zhī shang　 xiàng kàn bǎ xì yī yàng kàn zhè xiē xiǎo dòng
穿挂在树枝上，像看把戏一样看这些小动

wù pīn mìng zhēng zhá
物拼命挣扎。

lín zi li de xī yì yī tiān tiān jiǎn shǎo　　 ér nà xiē wēi
林子里的蜥蜴一天天减少，而那些危

hài shā zǎo shù de chóng zi què yī tiān tiān zēng duō　　 yǐ jīng yǒu jǐ
害沙枣树的虫子却一天天增多，已经有几

棵沙枣树被害虫夺去了生命。

眼看着沙枣林危在旦夕，

灰斑鸠夫妇忧心忡忡，他们知

道，如果沙枣林没有了，他们

的家也就没有了。

huī bān jiū fū fù yī biàn yòu yī biàn
灰斑鸠夫妇一遍又一遍

de bǎ dào lǐ jiǎng gěi huī bó láo tīng xī
地把道理讲给灰伯劳听："蜥

yì shì shā zǎo lín de wèi shì tā men zhuān
蜴是沙枣林的卫士，他们专

mén chī wēi hài shā zǎo shù de chóng zi rú
门吃危害沙枣树的虫子。如

guǒ nǐ men bǎ xī yì chī guāng le jiù děng
果你们把蜥蜴吃光了，就等

yú huǐ le shā zǎo lín wǒ men méi yǒu le jiā nǐ men
于毁了沙枣林。我们没有了家，你们

yě méi yǒu le jiā zuì zhōng shòu dào sǔn hài de shì zì jǐ
也没有了家，最终受到损害的是自己。"

愚蠢的灰伯劳根本听不进去这些道理，他们只图一时的快活，更加疯狂地捕捉蜥蜴。

终于有一天，灰伯劳把沙枣林里的蜥蜴全部吃光了，虫灾泛滥，沙枣树成片成片地死去。

灰斑鸠飞走了，灰伯劳也飞走了，他们都失去了自己的家园。

被沙枣林保护的那片绿洲
也失去了沙枣树的遮挡。凶猛
的风沙长驱直入，葱茏的绿洲
顿时被淹没在厚厚的黄沙之中。

人迁走了，牲畜也迁
走了，他们都失去了自己
的家园。

凤头百灵是我国北方沙漠地区很常见的一种鸟，生活在荒漠、半荒漠、沙漠及农田里，喜欢鸣叫，还能模仿其他动物的叫声。凤头百灵是杂食性鸟类，据研究，凤头百灵的食物中，植物性食物占70%，昆虫占30%。这种鸟吃粮食，对农业有一定危害。

fèng tóu bǎi líng de guǐ jì
凤头百灵的诡计

凤头百灵和灰斑鸠都喜欢在植物稠密的地方筑巢，但他们的巢却大不一样。灰斑鸠把巢筑在树枝上，形状是圆圆的、平平的；而凤头百灵却把巢筑在地面上，形状像个杯子。但这并不妨碍他们两家和睦相处。白天，他们都飞出去找吃的；傍晚，他们飞回林子里，一边休息，一边讲

zhe wài miàn de qí wén qù shì huī bān jiū
着外面的奇闻趣事。灰斑鸠

hái xǐ huan tīng fèng tóu bǎi líng chàng gē tā
还喜欢听凤头百灵唱歌，他

de gē shēng tè bié hǎo tīng bù guò fèng
的歌声特别好听。不过，凤

tóu bǎi líng de jué huó hái bù shì chàng gē
头百灵的绝活还不是唱歌，

ér shì tā néng mó fǎng gè zhǒng dòng wù de
而是他能模仿各种动物的

jiào shēng
叫声。

有一天，凤头百灵告诉灰斑鸠，今天晚上，当月亮出来的时候，住在绿洲里的许多鸟要到他们这片林子里来做客。

灰斑鸠好高兴啊！他一直盼望着能多结识一些鸟，多交

xiē péng you
些 朋 友。

dāng yuè liang shēng qǐ lái de shí hou　　lín zi li guǒ rán rè
当 月 亮 升 起 来 的 时 候，林 子 里 果 然 热

nao qǐ lái　　　huī bān jiū yī huì er tīng jiàn xǐ què de jiào shēng
闹 起 来。灰 斑 鸠 一 会 儿 听 见 喜 鹊 的 叫 声，

yī huì er tīng jiàn huà méi de jiào shēng　　yī huì er yòu tīng jiàn dù
一 会 儿 听 见 画 眉 的 叫 声，一 会 儿 又 听 见 杜

juān de jiào shēng　　huī bān jiū mǎn huái xǐ yuè　　qù xún zhǎo zhè xiē
鹃 的 叫 声。灰 斑 鸠 满 怀 喜 悦，去 寻 找 这 些

niǎo　　kě shì zhǐ tīng jiàn zhè xiē niǎo de jiào shēng　　què bù jiàn tā
鸟，可 是 只 听 见 这 些 鸟 的 叫 声，却 不 见 他

men de shēn yǐng
们 的 身 影。

huī bān jiū zài lín zi li fēi lái fēi qù bǎ měi yī gè
灰斑鸠在林子里飞来飞去,把每一个

jiǎo luò dōu zhǎo biàn le yě méi yǒu jiàn dào yī zhī cóng lù zhōu fēi
角落都找遍了,也没有见到一只从绿洲飞

lái de niǎo
来的鸟。

yǎn kàn zhe yè yǐ shēn le huī bān jiū hái zài zī zī bù
眼看着夜已深了,灰斑鸠还在孜孜不

juàn de xún zhǎo zhe cóng lù zhōu fēi lái de niǎo fèng tóu bǎi líng zhōng
倦地寻找着从绿洲飞来的鸟,凤头百灵终

yú rěn bù zhù xiào qǐ lái tā gào su huī bān jiū lín zi li
于忍不住笑起来。他告诉灰斑鸠,林子里

gēn běn jiù méi yǒu cóng lù zhōu fēi lái de niǎo
根本就没有从绿洲飞来的鸟。

灰斑鸠不相信："可我
亲耳听见了他们的叫声啊！
有杜鹃，有画眉，有……"

凤头百灵学起了杜鹃叫、画眉叫、喜鹊叫……

"你……"灰斑鸠这才知道上了凤头百灵的当，他第一次对凤头百灵生了气。

还有一次，灰斑鸠太太刚孵出小斑鸠，由灰斑鸠先生负责喂养。灰斑鸠先生从自己的嗉囊里分泌出一种特殊的汁液，他张大嘴巴，让小斑鸠到他的嘴里来吸食。

正当小斑鸠吃得欢的时候，他们突然听到一阵野猫叫，吓得灰斑鸠一家抱成一团，半天也不敢出声。

后来，他们听到一阵开心的笑声，才知道这又是凤头百灵的一次恶作剧。

尽管有两次不愉快，但灰斑鸠和凤头百灵还是好邻居。他们都喜欢吃粮食，不同的是灰斑鸠只吃落在地上的粮食，决不吃长在田里的。因此，飞到绿洲的时候，灰斑鸠从来没有被驱赶过。

一天，灰斑鸠夫妇像往常那样，飞到田边去啄食落在地上的粮食，突然，蹿出

一只大黄狗向他们愤
怒地汪汪大叫。

灰斑鸠太太以为
大黄狗不认识他们，
赶紧自我介绍道："你
好，我们是灰斑鸠。"

因为经常遭到这

样的误解，所以灰

斑鸠太太向大黄

狗耐心地解释道：

"我们可没有糟蹋

粮食，我们只吃落

在地上的粮食。"

"你撒谎！"

大黄狗说，"我昨天在村里听见田里有斑鸠的叫声，跑到田里一看，庄稼被糟蹋了好多。"

"不对呀！"灰斑鸠先生好奇怪，"昨天，我们根本就没有来过这里。"

"是呀，昨天我们是往西边飞的，没来过这里。"灰斑鸠太太也这样说。

"没来过这里，怎么有你们的叫声呢？"大黄狗警告道，"以后你们斑鸠再飞到这里来，如果让我遇见，一定对你们不客气。"

第二天，灰斑鸠夫妇飞到西边的那块田里。刚飞下来，田头的稻草人就挥着扇子赶他们："去去去，不许你

men fēi dào zhè lǐ lái
们飞到这里来。"

huī bān jiū tài tai xīn lǐ hǎo
灰斑鸠太太心里好

nà mèn　　　dào cǎo rén duì wǒ men
纳闷："稻草人对我们

yī xiàng shì hěn yǒu hǎo de　　zěn me
一向是很友好的，怎么

jīn tiān de tài dù yě
今天的态度也……"

huī bān jiū xiān
灰斑鸠先

sheng yǐ wéi dào cǎo rén
生以为稻草人

bǎ tā men rèn cuò le
把他们认错了，

biàn　dà shēng shuō dào
便大声说道：

33

dào cǎo rén　wǒ men shì huī bān jiū ya
"稻草人，我们是灰斑鸠呀！"

wǒ zhī dào nǐ men shì huī bān jiū
"我知道你们是灰斑鸠，

wǒ yào gǎn de jiù shì huī bān jiū　　dào cǎo
我要赶的就是灰斑鸠！"稻草

rén hǎo xiàng hěn shēng qì　　zuó tiān xià wǔ
人好像很生气，"昨天下午，

wǒ mī zhe yǎn jing gāng shuì le yī huì er　jiù
我眯着眼睛刚睡了一会儿，就

听见了灰斑鸠的叫声。我知道灰斑鸠不糟蹋庄稼，只吃落在地上的粮食，就没睁眼睛，继续睡。等我一觉醒来，看见田里的庄稼被糟蹋了好多，这不是你们干的，是谁干的？"

"昨天下午，我们在东边的田里呀！"

"可是，我分明听见了你们的叫声，这又怎么解释？"

真是有口难辩。

灰斑鸠夫妇带着满腹的委屈往回飞，一个解不开的疑问萦绕在他们的脑海里："怎么到处都有我们的叫声呢？"

终于，灰斑鸠先生和灰斑鸠太太同时想到了凤头百灵，他们曾听过凤头百灵模仿灰斑鸠的叫声，真是惟妙惟肖。

在以后的几天里，灰斑鸠夫妇悄悄地跟踪凤头百灵。果然不出他们所料，凤头百灵飞到田里，一边啄食长在地里的庄

稼，一边模仿灰斑鸠的叫声，难怪大黄狗和稻草人都对灰斑鸠有误解。

"哼，我们再也

不跟凤头百灵做邻居了！"

识破了凤头百灵的

诡计，灰斑鸠夫妇带着

他们的孩子，飞到一个

远离凤头百灵的地方安

家落户了。

在绿洲和沙漠交界的地带，常看见有一米多高的砖墩，这是为了灭鼠而专为隼形类的猛禽修筑的。鼠类是对沙漠植物具有最大危害的动物，而它们的天敌隼形猛禽、猫类、狐类、鼬类和蛇类，对沙漠的生态平衡都起到了一定作用。

鹰 塔

离开一年后，骆驼白鼻儿带着他怀孕的妻子回到了这个有古长城烽火台的地方。可是，眼前一片荒凉的景象让他们惊呆了。

"你不是说这里是你见过的最好的地方吗？还非要带我到这里来生孩子。"

"这里原来真的很好。"白鼻儿忙向

骆驼太太解释道，"到处长满了你最爱吃的骆驼刺，还有大片大片的梭梭，怎么才一年光景，就变成这样了呢？"

白鼻儿决心好好侦察一番，一定要查个水落石出。他低着头，走遍了这个地方，终于有了重大发现。

“我发现地上有许多鼠洞，”白鼻儿对骆驼太太说，“这里的植物一定是被大沙鼠吃光的。”

“天哪！”骆驼太太吃惊地叫道，“哪来这么多大沙鼠？”

“哪来的？生的呗。”白鼻儿说，“大沙鼠一年至少繁殖两窝，一胎可以生七八只小沙鼠，最少也有四只。春天生的小沙鼠到了秋天，又可以生小沙鼠了。你算一算，春天的一窝沙鼠到了秋天能变成多少……"

"太可怕了！太可怕了！"骆驼太太惊恐地睁大了眼睛，"照这么生下去，这个世界岂不成了大沙鼠的世界？"

他们谈话的时候，大沙鼠拖儿带女地在

tā men jiǎo biān pǎo lái pǎo qù　　bǎi chū yī fù shǔ duō shì zhòng de
他们脚边跑来跑去，摆出一副鼠多势众的

yàng zi　　duì tā men háo bù jù pà
样子，对他们毫不惧怕。

bái bí er hèn de yǎo yá qiè chǐ　　　　yī dìng yào gān jìng
白鼻儿恨得咬牙切齿："一定要干净

chè dǐ de xiāo miè tā men
彻底地消灭他们！"

nǐ dà bái tiān shuō mèng huà ba　　　　luò tuo tài tai xiào
"你大白天说梦话吧？"骆驼太太笑

qǐ lái　　　zhè me duō dà shā shǔ　nǐ zěn me xiāo miè　wǒ men
起来，"这么多大沙鼠，你怎么消灭？我们

hái shi kuài lí kāi zhè ge shā shǔ wáng guó ba
还是快离开这个沙鼠王国吧！"

“不！”白鼻儿十分固执地说，“沙鼠摧毁了我的家园，我也要摧毁沙鼠王国，我们看谁更厉害！”

骆驼太太拗不过白鼻儿，只好随他了。

“你准备怎么干呢？”

“找大沙鼠的敌人来消灭他们。”

骆驼太太一听就高兴了："好办法！让我来想一想，大沙鼠的敌人都有谁呢？"

luò tuo tài tai shǒu xiān xiǎng dào le yě māo hé huāng mò māo
骆驼太太首先想到了野猫和荒漠猫，
yīn wèi māo shì shǔ de tiān dí ma
因为猫是鼠的天敌嘛。

wǒ men qù zhǎo yě māo hé huāng mò māo lái ba
“我们去找野猫和荒漠猫来吧！”

shuō zhǎo jiù zhǎo bái bí er yǔ luò tuo tài tai yī lù kuáng
说找就找，白鼻儿与骆驼太太一路狂
bēn qù xún zhǎo yě māo hé huāng mò māo
奔，去寻找野猫和荒漠猫。

tā men méi zhǎo dào yě māo yě méi zhǎo dào huāng mò māo
他们没找到野猫，也没找到荒漠猫。

nán guài ya bái bí er tíng zhù jiǎo bù rú guǒ
“难怪呀！”白鼻儿停住脚步，“如果
zhè me róng yì jiù néng zhǎo dào yě māo hé huāng mò māo zhè lǐ jiù
这么容易就能找到野猫和荒漠猫，这里就
bù huì shā shǔ chéng zāi le
不会沙鼠成灾了。”

luò tuo tài tai bù gān xīn dà shā shǔ de dí rén hái
骆驼太太不甘心：“大沙鼠的敌人还
yǒu shéi ne
有谁呢？”

bái bí er shuō hái yǒu shā hú hé ài yòu
白鼻儿说：“还有沙狐和艾鼬。”

wǒ men zài qù zhǎo zhao shā hú hé ài yòu
“我们再去找找沙狐和艾鼬。”

他们又跑了起来，找了半天，也没有看见沙狐和艾鼬的影子，倒看见地上的大沙鼠成群结队，像示威似的。

"你们以为我对你们就没有办法了吗？"白鼻儿气坏了，他仰天大叫，"快来呀！快来消灭这些大坏蛋！"

白鼻儿愤怒的叫声响彻云霄。

这时，天边出现
了一个小黑点。

"你看，白鼻儿，
那是什么？"

白鼻儿看清了，
那是一只鹰，他飞得
很高，翅膀很大。

51

"我们的救兵真的来了！"白鼻儿高兴地叫道，"鹰也是沙鼠的敌人。"

鹰滑翔过来，在他们上空盘旋了一阵，突然从高空中俯冲下来。他那两只锐利的爪子同时抓住了两只沙鼠，弯钩般的嘴左右开弓，把两只沙

shǔ dōu tūn jìn le dù zi
鼠都吞进了肚子。

zhǎ yǎn gōng fu　　dì shang de shā shǔ yǐ
眨眼工夫，地上的沙鼠已

xiāo shī de wú yǐng wú zōng　tā men dōu pǎo huí
消失得无影无踪，他们都跑回

dòng li qù le
洞里去了。

yīng chī wán liǎng zhī shā shǔ　kàn kan zhōu
鹰吃完两只沙鼠，看看周

wéi yǐ méi yǒu shā shǔ　　biàn zhǎn kāi chì bǎng
围已没有沙鼠，便展开翅膀，

zhǔn bèi fēi zǒu
准备飞走。

"别走啊！"白鼻儿和骆驼太太在一旁干着急，"这里还有很多沙鼠，现在他们都躲到洞里去了，你在这里等一等，他们会出来的。"

鹰喜欢停留在高处，他见这里光秃秃的，没有树枝，没有树桩，连一根电线杆都没有，终于没有耐心在这里等下去，拍拍

翅膀飞走了。

鹰刚飞走，沙鼠们就全都从洞里跑出
来了，又在白鼻儿和骆驼太太的脚边跳来
跳去。

白鼻儿拿这些沙鼠一点办法都没有，
他绞尽脑汁，要想一个办法，看怎样才能
使鹰在这里多停留一会儿。

55

"鹰为什么一定要站在高处呢？"骆驼太太也在动脑筋想办法。

"因为他们只有站在高处，才能看到地面上的猎物。"

"我们可不可以筑一个高高的东西，让鹰停留在上面呢？"

"你说得太对了！"白鼻儿恍然大悟，"我们可以筑塔来吸引鹰停留在这里。"

白鼻儿说干就干，他驮来一筐筐石头，一块一块垒起来，垒成一米多高的塔。骆驼太太称这样的塔为"鹰塔"。

白鼻儿在被沙鼠摧毁的地方，筑起了一座座鹰塔。

这一招果然很灵，从这里经过的鹰都喜欢停留在鹰塔上，用两只明亮的眼睛紧

dīng zhe shā shǔ dòng chū
盯着沙鼠洞，出

lái yī zhī xiāo miè yī
来一只，消灭一

zhī méi guò duō jiǔ
只。没过多久，

yīng jiù bǎ zhè lǐ chéng
鹰就把这里成

qiān shàng wàn de shā shǔ yī sǎo
千上万的沙鼠一扫
ér guāng
而光。

bèi fēng chuī lái de suō
被风吹来的梭
suō luò tuo cì hé huā bàng de
梭、骆驼刺和花棒的
zhǒng zi yòu zài zhè lǐ shēng gēn
种子，又在这里生根
fā yá le bái bí er duì
发芽了。白鼻儿对
wèi lái chōng mǎn le xī wàng tā
未来充满了希望，他
xiāng xìn guò bù liǎo duō jiǔ zhè
相信过不了多久，这
lǐ jiāng chéng wéi tā men měi lì
里将成为他们美丽
de jiā yuán tā hé luò tuo tài
的家园，他和骆驼太
tai hái yǒu tā men jí jiāng chū
太还有他们即将出
shì de xiǎo bǎo bao jiāng zài zhè
世的小宝宝将在这
lǐ xìng fú de shēng huó xià qù
里幸福地生活下去。

驼鸟生活在沙漠或干旱的草原上。驼鸟的婚配制度是一雄多雌制，一只雄驼鸟可以统治和带领几只雌驼鸟。这些雌驼鸟把卵产在一个公共的穴内，白天由雌驼鸟轮流孵卵，夜里则由雄驼鸟单独照看，孵化期约40天。

妻妾成群的模范丈夫

成年鸵鸟贝比英俊又潇洒，他足有2.5米高，130千克重，特别是他那线条优美的脖子和两条肌肉强健的腿，令所有的鸵鸟姑娘心动。

至少有五个鸵鸟姑娘在热烈追求贝比，可贝比一直拿不定主意该娶哪个姑娘。

沙漠中一年一度的赛跑开始了。因

为鸵鸟每年都获得冠军，今年来跟他们赛跑的不是斑马，也不是羚羊，更不是骆驼，而是一辆汽车。

其他鸵鸟都被这个庞大的钢铁怪物吓

退了，只有贝比勇敢地走上前去，要跟这个庞大的钢铁怪物一比高低。

比赛开始了，越野车一阵轰鸣，飞转的轮子扬起了漫天黄沙，汽车箭一般地冲了出去。

贝比迈开他那强壮有力的长腿，一步能跨出8米，与那风驰电掣般的汽车并

jià qí qū
驾齐驱。

yuè yě chē de shí sù yǐ dá　　qiān mǐ　běn lái hái kě
越野车的时速已达80千米，本来还可

yǐ kāi de zài kuài yī diǎn　dàn shā mò li sōng ruǎn de dì miàn yǐng
以开得再快一点，但沙漠里松软的地面影

xiǎng le tā de sù dù　ér tuó niǎo bèi bǐ què yǒu jué duì de yōu
响了它的速度。而鸵鸟贝比却有绝对的优

shì　yīn wèi tā de jiǎo hé luò tuo de jiǎo yī yàng　jiǎo dǐ yǒu hòu
势，因为他的脚和骆驼的脚一样，脚底有厚

hòu de ròu diàn　yuè shì zài sōng ruǎn de dì shang　yuè pǎo de kuài
厚的肉垫，越是在松软的地上，越跑得快。

bèi bǐ pǎo yíng le qì chē　lìng suǒ yǒu de tuó niǎo dōu huān
贝比跑赢了汽车，令所有的鸵鸟都欢

xīn gǔ wǔ, tā men wèi bèi bǐ
欣鼓舞，他们为贝比

jǔ xíng le shèng dà de qìng gōng yàn
举行了盛大的庆功宴。

nà jǐ gè xǐ huan bèi bǐ de tuó
那几个喜欢贝比的鸵

niǎo gū niang zài yě àn nà bù zhù
鸟姑娘再也按捺不住

duì tā de yī piàn zhēn qíng zhēng
对他的一片真情，争

xiān kǒng hòu de xiàng tā biǎo dá ài
先恐后地向他表达爱

mù zhī qíng
慕之情。

tuó niǎo gū niang men qīng shū
鸵鸟姑娘们轻舒

liǎng yì　　dǒu dòng zhe shēn shang de
两翼，抖动着身上的

yǔ máo　　wéi zhe bèi bǐ piān piān
羽毛，围着贝比翩翩

qǐ wǔ　　tā men wǔ zī gāo yǎ
起舞。她们舞姿高雅，

yí tài wàn fāng　　lìng bèi bǐ yǎn
仪态万方，令贝比眼

huā liáo luàn　　bù zhī dào gāi qǔ
花缭乱，不知道该娶

nǎ ge gū niang cái hǎo
哪个姑娘才好。

"爸爸，"贝比问一只老鸵鸟，"您看我娶哪个姑娘好？"

鸵鸟爸爸把五个鸵鸟姑娘挨个仔细地打量了一番，她们个个都无可挑剔。

"我看五个姑娘
都好。这样吧，你把
她们都娶了。"

"娶五个妻子？"

贝比求之不得，可嘴
上却说，"这可以吗？"

"怎么不可以？

你看老爸我不就有三个妻子吗？"鸵鸟爸爸把脑袋一甩，"多娶两个妻子不是更好吗？"

贝比平时是不怎么听爸爸的话的，可这次他却很乐于听他爸爸的话。贝比带着五个美丽可爱的鸵鸟姑娘，喜滋滋地走了。

没过几天，贝比的妻子们都将产卵了，这可忙坏了贝比。贝比可是个尽职的模范丈夫。

首先，贝比要给他的妻子们找一个舒适的地方产卵。

贝比找了一个平坦开阔的地方，那里没有树，也没有草，地上的沙子又干又松，这正是产卵的好地方。

bèi bǐ ràng tā de qī zi men zài yī páng xiū xi ér tā
贝比让他的妻子们在一旁休息，而他

què pā zài dì shang yòng jiǎo páo zhe shā zi tā yào páo yī gè
却趴在地上，用脚刨着沙子。他要刨一个

kēng ràng qī zi men bǎ dàn shēng zài lǐ miàn
坑，让妻子们把蛋生在里面。

kēng páo hǎo le bèi bǐ cóng dì shang zhàn qǐ lái yòu pǎo
坑刨好了，贝比从地上站起来，又跑

dào hěn yuǎn de dì fang xián lái yī xiē gān cǎo pū zài kēng li
到很远的地方，衔来一些干草铺在坑里，

rán hòu tā duì qī zi men shuō hǎo le nǐ men kě yǐ bǎ dàn
然后他对妻子们说："好了，你们可以把蛋

shēng zài lǐ bian le
生在里边了。"

“我 先 生 ！ ”

“我 先 生 ！ ”

五 个 妻 子 一 拥 而 上 ， 都 要 抢 着 第 一 个 生 蛋 ， 闹 得 不 可 开 交 。

“别 闹 了 ！ ”贝 比 大 喝 一 声 ，“都 给 我 回 到 原 来 的 位 置 站 好 ！ ”

wǔ gè qī zi ān jìng xià lái guāi guāi de huí dào yuán lái
五个妻子安静下来，乖乖地回到原来

de wèi zhì shang pái chéng yī pái
的位置上排成一排。

zài bèi bǐ de ān pái xià wǔ gè qī zi yī gè jiē yī
在贝比的安排下，五个妻子一个接一

gè de qù kēng li shēng dàn yī qiè dōu shì nà me jǐng rán yǒu xù
个地去坑里生蛋，一切都是那么井然有序。

jiā yóu ya shǐ jìn ya
"加油呀！使劲呀！"

qī zi men shēng dàn de shí hou bèi bǐ jiù zài tā men de
妻子们生蛋的时候，贝比就在她们的

shēn biān gěi tā men gǔ jìn yīn wèi tā men de dàn tè bié tè
身边给她们鼓劲。因为她们的蛋特别特

别大，每个足有一个小足
球那么大，约 1.3 千克重，
生起来就比较艰难。

等妻子们全都生完蛋后，贝比就更忙了。他首先把坑里的蛋点数清楚，一共二十四枚；再把这些蛋摆放好，然后给五个妻子分派工作。

"你们两个——"

他对两个性情温和的妻子说，"轮流孵蛋，一个上午，一个下午。你们自己商量吧！"

wǎn shang shéi fū dàn ne
"晚上谁孵蛋呢？"

bèi bǐ shuō wǎn shang nǐ men
贝比说："晚上你们

dōu xiū xi wǒ lái fū
都休息，我来孵。"

nǐ men liǎ bèi bǐ
"你们俩——"贝比

duì yī gè jī zhì de qī zi hé yī
对一个机智的妻子和一

个勇敢的妻子说，"你们负责站岗放哨，一有危险，马上报警。"

"我干什么？"剩下最后一个妻子，她是一位最能吃苦耐劳的妻子。

^{nǐ gēn wǒ yī qǐ chū}
"你跟我一起出

^{qù xún zhǎo shí wù bèi bǐ shuō}
去寻找食物。"贝比说。

^{fēn hǎo gōng hòu liǎng gè}
分好工后,两个

^{qī zi fū dàn liǎng gè qī zi}
妻子孵蛋,两个妻子

^{zhàn gǎng bèi bǐ zé dài zhe zuì}
站岗,贝比则带着最

^{hòu yī gè qī zi chū qù xún}
后一个妻子出去寻

^{zhǎo shí wù bèi bǐ de qī}
找食物。贝比的妻

zi men yīn wèi shēng le dàn   shēn tǐ dōu xū yào bǔ yǎng   suǒ yǐ
子们因为生了蛋，身体都需要补养，所以

tā bì xū gěi tā men dài huí zuì xīn xiān de zhí wù   zuì hǎo hái
他必须给她们带回最新鲜的植物，最好还

néng dài huí yī xiē kūn chóng
能带回一些昆虫。

jiù zhè yàng   bèi bǐ rì yè cāo láo   bái tiān   tā yào
就这样，贝比日夜操劳。白天，他要

pǎo dào hěn yuǎn hěn yuǎn de   dì fang qù xún zhǎo shí wù   wǎn shang
跑到很远很远的地方去寻找食物；晚上，

tā yào jīng xīn de zhào gù kēng li de tuó
他要精心地照顾坑里的鸵

niǎo dàn   zhēn chēng de shàng shì gè jìn zhí
鸟蛋，真称得上是个尽职

jìn zé de mó fàn zhàng fu
尽责的模范丈夫。

dà yuē guò le sì shí tiān　kēng li de tuó niǎo dàn dōu pò
大约过了四十天，坑里的鸵鸟蛋都破

ké le　　zuò le mā ma de qī zi men gāo xìng wú bǐ　kě kàn
壳了。做了妈妈的妻子们高兴无比，可看

dào bèi bǐ pí bèi bù kān de yàng zi　tā men yòu xīn téng wàn fēn
到贝比疲惫不堪的样子，她们又心疼万分。

yóu yú guò dù cāo láo　bèi bǐ méi yǒu yuán lái jīng shen　yě méi
由于过度操劳，贝比没有原来精神，也没

yǒu yuán lái yīng jùn　kě tā de qī zi men dōu gèng jiā ài tā le
有原来英俊，可他的妻子们都更加爱他了。

沙漠里数量最多的是食虫鸟，其次是杂食性鸟。杂食性鸟类或多或少地要啄食一些粮食作物，所以对农业有不同程度的危害。

猫头鹰以鼠类为主要食物，有时也吃一些昆虫，因此它们是当之无愧的益鸟，是保护庄稼、树木和其他固沙植物的卫士。

māo tóu yīng kāi yàn huì
猫头鹰开宴会

māo tóu yīng yào qǐng kè le
"猫头鹰要请客了！"

zhè ge xiāo xi xiàng zhǎng le chì bǎng bèi shā mò li de niǎo
这个消息像长了翅膀，被沙漠里的鸟

er men bēn zǒu xiāng gào tā men dōu pàn zhe zhè yī tiān kuài kuài lái lín
儿们奔走相告，他们都盼着这一天快快来临。

gāo xìng guò hòu shā mò li de niǎo er men dōu nà mèn qǐ
高兴过后，沙漠里的鸟儿们都纳闷起

lái māo tóu yīng zhù zài lù zhōu de nóng tián li yǔ shā mò li
来。猫头鹰住在绿洲的农田里，与沙漠里

de niǎo sù wú lái wǎng ér qiě tā de yàng zi xiōng xiōng de liǎng
的鸟素无来往。而且他的样子凶凶的，两

zhī yǎn jing bù shì xiàng yī bān de niǎo nà yàng zhǎng zài tóu de liǎng
只眼睛不是像一般的鸟那样长在头的两

边，而是像人一样，长在头的前
边。每当鸟儿们从绿洲的农田上
飞过，猫头鹰那两只圆眼睛总是
十分警惕地注视着他们，使他们
一刻也不敢在田里停留。现在猫
头鹰怎么突然想起要请客？

鸟儿们在惴惴不安中，等来了猫头鹰开宴会的这一天。

宴席就摆在农田边的一棵大树下。食物很丰盛，装在几个大盘子里，有草籽、虫子、植物的嫩芽和粮食。

māo tóu yīng zhàn zài gāo gāo de shù zhī shang
猫头鹰站在高高的树枝上，
liǎng zhī yǎn jing jiǒng jiǒng yǒu shén de zhù shì zhe yuǎn
两只眼睛炯炯有神地注视着远
fāng děng hòu kè rén men de dào lái
方，等候客人们的到来。

zuì xiān fēi lái de shì fèng tóu bǎi líng tā
最先飞来的是凤头百灵，她
de tóu shang dài zhe yī dǐng yǔ guān nà shì yī cù
的头上戴着一顶羽冠，那是一簇
yòu xì yòu cháng de hēi sè yǔ máo shǐ tā xiǎn de
又细又长的黑色羽毛，使她显得

gé wài piào liang
格外漂亮。

huān yíng nǐ de guāng lín　　　māo tóu yīng xiàng fèng tóu bǎi
"欢迎你的光临！"猫头鹰向凤头百

líng diǎn dian tóu　　qǐng rù xí ba
灵点点头，"请入席吧！"

fèng tóu bǎi líng kàn jiàn dì shang bǎi zhe nà me duō shí wù
凤头百灵看见地上摆着那么多食物，

ér qiě dōu shì tā xǐ huan chī de　　gāo xìng de jiāng tóu shang de yǔ
而且都是她喜欢吃的，高兴得将头上的羽

guān gāo gāo shù qǐ　　tā xiān zhàn zài zhuāng cǎo zǐ de pán zi biān
冠高高竖起。她先站在装草籽的盘子边，

yīn wèi cǎo zǐ shì tā xǐ huan chī de　　hòu lái yòu zhàn zài zhuāng
因为草籽是她喜欢吃的；后来又站在装

虫子的盘子边，因为虫子也是她喜欢吃的；最后，她终于站在了装粮食的盘子边，因为几种食物比较起来，她更喜欢吃粮食。

接着飞来的是毛腿沙鸡。他的体形比鸽子稍小一点，身材瘦长，腿很短，毛一直长到脚底下，这使他看起来显得

非常特别。

"欢迎你的光临！"猫头鹰向毛腿沙鸡点点头，"请入席吧！"

毛腿沙鸡在装着粮食的盘子边站了一会儿，又朝装着植物嫩芽的盘子飞去。

与沙百灵一同到达的是灰
伯劳，他们一大一小。沙百灵只
有麻雀那么大，而灰伯劳却有点
像鹰，有鹰一样的钩嘴和鹰一样

的利爪，但他没有像鹰那样长而大的翅膀，

所以他不能飞得像鹰那样高。

"欢迎你们的光临！"猫头鹰向他们

点点头，"请入席吧！"

这么多的食物令沙百灵眼花缭乱。她

在几个盘子边跳来跳去，半天也拿不定主

意应该站在哪个盘子的旁边。

而灰伯劳跟沙百灵却大不一样，他好像对这些食物一点兴趣都没有，倒是对沙百灵挺感兴趣的。只是在这样的场合，他不敢随心所欲。

最后飞来的是斑鸠。斑鸠和鸽子是近亲，但是体形比鸽子稍小一点，而且头特别小。

"欢迎你的光临！"猫头鹰向斑鸠点点头，"请入席吧！"

斑鸠把宴会上的食物扫视了一番，然后毫不犹豫地飞向装着粮食的盘子。

"各位注意——"猫头鹰在树上提高了嗓门，"我宣布，宴会开始！"

早就等不及的鸟儿们立即开吃了。

猫头鹰没有下来同鸟儿们一道进餐，他仍然站在树上，聚精会神地看着鸟儿们吃东西。

猫头鹰特别注意那个装粮食的盘子。他发现斑鸠一直就没离开过这个盘子，他吃得最多；凤头百灵离开过一会儿，她去

吃了几只虫子，吃得也算多的；毛腿沙鸡也吃粮食，但植物的嫩芽好像更对他的胃口；小沙百灵每样都吃了一点点，当然粮食她也吃了一点点。倒是灰伯劳压根就没

zǒu jìn guo zhuāng liáng shi de pán zi
走近过装粮食的盘子，
tā zhǐ jiǎn le jǐ zhī chóng zi chī
他只拣了几只虫子吃。
māo tóu yīng hái tīng jiàn tā bù mǎn de
猫头鹰还听见他不满地
dí gu dào shén me yàn huì ya
嘀咕道："什么宴会呀，
wǒ ài chī de xī yì méi yǒu xiǎo niǎo
我爱吃的蜥蜴没有，小鸟
yě méi yǒu xiǎo shā bǎi líng yě
也没有……"小沙百灵也

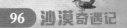

听见了他的话，吓得离他远远的。

看鸟儿们都吃饱了，猫头鹰的心里也有数了。他在树上高声宣布道："宴会到此结束！"

除了灰伯劳，所有的

鸟都吃得心满意足。正当他们满怀感激地向猫头鹰告别的时候，猫头鹰又高声宣布："灰伯劳可以走了，其他的鸟都留下来。"

灰伯劳怀着一丝对猫头鹰的不满情绪飞走了。留下来的鸟儿们心里却暗暗高兴，他们以为猫头鹰还要用什么好东西来招待他们。

"你们都听着！"猫头鹰锐利的目光从每一只鸟的身上扫过，"我刚才已经看得很清楚了，你们都是吃粮食的鸟类，也就是说你们都是对农业有一定危害的鸟类。"

猫头鹰的态度说变就变，鸟儿们不知道猫头鹰要怎样处置他们，都瑟瑟发抖起来。

cóng jīn yǐ hòu
"从今以后,"

māo tóu yīng jì xù duì niǎo
猫头鹰继续对鸟

er men xùn huà　　bù xǔ
儿们训话,"不许

nǐ men fēi dào nóng tián li
你们飞到农田里

lái　tè bié shì bān jiū hé
来,特别是斑鸠和

fèng tóu bǎi líng　nǐ men dōu
凤头百灵,你们都

tīng jiàn le ma
听见了吗? "

niǎo er men dōu diǎn tóu chēng shì　　zhǐ yǒu bān
鸟儿们都点头称是，只有斑

jiū jué de zì jǐ hěn wěi qu
鸠觉得自己很委屈。

māo tóu yīng wèn dào　　　bān jiū　　nǐ hái yǒu
猫头鹰问道："斑鸠，你还有

shén me huà shuō
什么话说？"

wǒ bù yīng gāi suàn shì duì nóng yè yǒu hài
"我不应该算是对农业有害

de niǎo lèi　　bān jiū shēn biàn dào　　wǒ shì chī liáng
的鸟类。"斑鸠申辩道，"我是吃粮

shi　dàn wǒ zhǐ chī luò zài dì shang de liáng shi　　duì
食，但我只吃落在地上的粮食，对

zhǎng zài tián li de zhuāng jia méi yǒu
长在田里的庄稼没有
wēi hài
危害。"

māo tóu yīng tōng qíng dá lǐ
猫头鹰通情达理，
lì jí xiàng bān jiū péi lǐ dào qiàn
立即向斑鸠赔礼道歉，
bìng yǔn xǔ tā dào tián li lái chī
并允许他到田里来吃
sàn luò zài dì shang de liáng shi
散落在地上的粮食。

只有凤头百灵、沙百灵和毛腿沙鸡乘兴而来，败兴而归。没想到猫头鹰对他们这样不客气，可这怪谁呢？猫头鹰请客的时候，他们就应该把猫头鹰的身份搞清楚：猫头鹰是田园卫士，而他们是吃粮食的鸟类，田园卫士能对他们客气吗？

在我国荒漠地区，常见的野兔主要是蒙古兔。野兔白天和晚上都活动，黄昏时分最为活跃。野兔主要吃草和一些小灌木的枝叶，在农田附近也会偷吃蔬菜和禾苗。蒙古兔一年繁殖2～3窝，每窝2～6只，繁殖能力极强。

野兔的故事

在小野兔长耳的记忆里，从他一出生起，就一直在行军路上。他已经不记得他的出生地叫什么、是什么样子了，好像离现在这个地方很遥远很遥远。

野兔没有固定的家，他们总是在黄昏的时候最活跃，排成一支浩浩荡荡的队伍，如风卷残云一般，所到之处，寸草不留。

在中午最热的时候，野兔大军会停止前进，分散到较高的草丛里或较密的灌木下面，刨一个十厘米左右深的临时洞穴，休息到黄昏时分，再继续前进。

休息的时候，野兔们总是以小家庭为单位，卧在浅坑里休息。只有一只很老很老的野兔，孤零零地待在一个远离大家的

dì fang
地方。

cháng ěr de mā ma gào
长耳的妈妈告

su tā nà zhī gū dú de lǎo
诉他，那只孤独的老

yě tù shì tā men de zǔ nǎi nai
野兔是他们的祖奶奶。

zǔ nǎi nai wèi shén me
"祖奶奶为什么

bù hé wǒ men zài yī qǐ ne
不和我们在一起呢？"

妈妈说:"祖奶奶喜欢
独自在一个清静的地方,回
忆过去的事情。"

"那么祖奶奶的
肚子里一定装着很
多很多故事。"

"是的,她的肚

zi li zhuāng mǎn le gù shi
子里装满了故事。"

jǐn guǎn mā ma yī zài zhǔ
尽管妈妈一再嘱

fù cháng ěr bù yào qù dǎ rǎo zǔ
咐长耳不要去打扰祖

nǎi nai dàn cháng ěr hái shi chèn mā
奶奶，但长耳还是趁妈

ma bù zhù yì de shí hou qiāo qiāo
妈不注意的时候，悄悄

lái dào le zǔ nǎi nai de shēn biān
来到了祖奶奶的身边。

"祖奶奶，给我讲个故事吧！"

祖奶奶用她那昏花的眼睛看了看长耳，她已记不清长耳是她的第几代孙子了。

"讲什么呢？"祖奶奶肚子里的故事实在太多太多，她不知道从哪里讲起。

"您就讲您像我这么大的时候的故事吧！"

"我像你这么大的时候，已经认识了

你的祖爷爷黑耳。"

"我的祖爷爷？"

长耳从来没有见过他
的祖爷爷。

"你的祖爷爷在你
出生之前就去世了。"
祖奶奶讲道，"我和黑
耳长大以后，黑耳说要

带我到一个美丽富饶的地方，开始我们幸福的生活。

我们跑啊跑啊，来到了米塔拉……"

“米塔拉荒漠？”性急的长耳打断了祖奶奶的话，他以为祖奶奶讲错了。在他眼里，米塔拉荒漠既不美丽，也不富饶。

"那时候，米塔拉还不是荒漠，而是一望无际的草场，很美丽，也很富饶。我和黑耳一下子就爱上了这个地方，我们决定在这个草场里开始我们的新生活。"

"草场后来怎么变成了荒漠？"

"你不要性急，听我慢慢讲。"祖奶奶拍拍长耳的头，慢慢讲道，"那个时候，我

和黑耳都好年轻啊，我们整日奔跑在辽阔的草场上。黑耳说，我们的家太大了，如果这草场上到处都跑着我们的孩子，那该多好啊！"

"为了实现黑耳的这个愿望，我开始拼命地为他生孩子。我一年要生三窝小兔子，每窝最多六只，最少也有两只。你

算算，我一年要生多少只小兔子？"

聪明的长耳一下子算出来了："至少

六只。"

"对，我一年至少要生六只小兔子。

不到一年光景，这些小兔子也开始生小兔

子，从六只小兔子变成了几十只小兔子。

又过了不到一年的光景，这几十只小兔子

yòu kāi shǐ shēng xiǎo tù zi
又开始生小兔子

le nǐ suàn yī suàn zhè
了。你算一算，这

cǎo chǎng shang yǐ jīng yǒu duō
草场上已经有多

shao zhī xiǎo tù zi le
少只小兔子了？"

zhè xià bǎ cōng míng
这下把聪明

de cháng ěr nán zhù le
的长耳难住了：

suàn bù chū lái le
"算不出来了。"

zhè me duō de tù zi
"这么多的兔子

hěn kuài jiù bǎ cǎo chǎng de cǎo
很快就把草场的草

dōu chī guāng le   ér qiě tù zi
都吃光了，而且兔子

de shù liàng hái zài chéng bèi zēng
的数量还在成倍增

zhǎng zhè kě zěn me bàn ne
长。这可怎么办呢？

wǒ hé hēi ěr dōu fā chóu le
我和黑耳都发愁了。

zhè lǐ yǐ jīng biàn
"这里已经变

chéng le huāng mò　　hēi ěr shuō
成了荒漠，'黑耳说，

wǒ men bì xū qiān yí dào bié
'我们必须迁移到别

de dì fang qù
的地方去！'

jiù zhè yàng　　wǒ men
"就这样，我们

dài zhe zǐ zǐ sūn sūn　　kāi shǐ
带着子子孙孙，开始

le dà guī mó de qiān xǐ xíng
了大规模的迁徙行

dòng　　yī xīn xiǎng zài zhǎo dào yī
动，一心想再找到一

piàn mào shèng de cǎo chǎng　　kāi shǐ
片茂盛的草场，开始

wǒ men de xìng fú shēng huó
我们的幸福生活。”

nǐ men zhǎo dào le ma
“你们找到了吗？”

méi zhǎo dào wǒ men yǒng yuǎn bù kě néng zài yōng yǒu zhè
“没找到，我们永远不可能再拥有这
yàng de cǎo chǎng le zǔ nǎi nai yáo tóu tàn xī
样的草场了。”祖奶奶摇头叹息。

wèi shén me
“为什么？”

wǒ men de duì wu tài páng dà le ér qiě hái zài bù
“我们的队伍太庞大了，而且还在不
tíng de zēng jiā yī biān zǒu yī biān chī chī cǎo chī shù
停地增加，一边走，一边吃，吃草，吃树，
chī suǒ yǒu de lǜ sè zhí wù wǒ men zǒu guo de dì fang dōu
吃所有的绿色植物。我们走过的地方都
biàn chéng le huāng mò yǒng yuǎn bù kě néng zài yōng yǒu cǎo chǎng le
变成了荒漠，永远不可能再拥有草场了。
xīn tòng a
心痛啊！”

xiàn zài cháng ěr zhōng yú míng bai zǔ nǎi nai wèi shén me yào
现在，长耳终于明白祖奶奶为什么要
yuǎn lí dà jiā dú zì duǒ zài yī gè dì fang wèi shén me shén qíng
远离大家独自躲在一个地方，为什么神情
zǒng shì nà me bēi shāng yuán lái tā xīn lǐ chōng mǎn le ào huǐ
总是那么悲伤，原来她心里充满了懊悔，

而且，一种不可解脱的负罪感在日复一日地折磨着她。

太阳慢慢西下，野兔大军又要向前开进了。

"我们已经破坏了许多，又要开始破坏了，而且还要永远破坏下去。"

祖奶奶一边说着这没头没脑的话，一边迈着她那衰老的步子，跟在队伍的后面，无可奈何地向前走去。

长耳回到妈妈的身边，只不过他不再是无忧无虑、活蹦乱跳的小兔子了。